疯狂的十万个为什么系列

小笨熊 这就是 数理化 ⑧

崔钟雷　主编

物理：力与运动

黑龙江美术出版社

杨牧之 国务院批准立项 《中国大百科全书》总主编
国家重大出版工程

1966年毕业于北京大学中文系，中华书局编审。曾经参与创办并主持《文史知识》（月刊）。1987年后任国家新闻出版总署图书司司长、副署长。第十届全国人大代表、教科文卫委员会委员。现任《中国大百科全书》总主编、《大中华文库》总编辑、《中国出版史研究》主编。

崔钟雷主编的"疯狂十万个为什么"系列丛书、百科全书系列丛书，是用中国价值观、中国人喜闻乐见的形式，打造的送给孩子们的名家彩绘版科普读物。我祝贺它们的出版。

杨牧之
2018.1.9
北京

编委会

总　顾　问：杨牧之

主　　　编：崔钟雷

编委会主任：李　彤　刁小菊

编委会成员：姜丽婷　贺　蕾
　　　　　　张文光　翟羽朦
　　　　　　王　丹　贾海娇

图书设计：稻草人工作室

目录

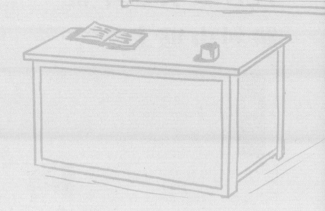

为什么大象不能跳到山坡上？

重力

物体由于地球的吸引而受到的力叫"重力"。重力的施力物体是地球。重力的方向总是竖直向下。

我们准备去丛林深处探险，寻找潜藏在大自然里的秘密。

我还没有做好心理准备。

沉重的身躯使我无法跳起来。

那是因为重力在作怪。

因为物体的质量越大，受到的重力也就越大。

为什么我和猴子可以跳到山坡上，而大象不行？

加油，我们一定能越过山坡。

聪明的小笨熊说

一个物体的各部分都受到重力的作用，从效果上，我们可以认为各部分受到的重力作用集中于一点，这一点叫作物体的"重心"。规则且密度均匀的物体的重心就是它的几何中心。不规则物体的重心可以用悬挂法来确定。

要想去更远的地方,我们必须翻过这座山。

气喘吁吁——

四脚着地的感觉真是太舒服了!

眼看面前的山路越来越陡峭,我们决定用四脚着地的方式行走。

为什么呢?

那是因为,降低重心或增大支持面可以提高稳度。

为什么大象在四脚着地爬行时,总是摇来晃去的?

物体的重心越低,它的稳定性就越好,就像我一样。

摇晃——

疯狂的小笨熊说

支持面上物体的稳定程度叫作"稳度"。物体在某方向的稳度与物体重心高度有关,与物体在这一方向的翻转半径有关,稳度具有方向性。降低重心或增大支持面可以提高稳度。

谁拿了壁虎的钱包？

摩擦力
　　两个相互接触并挤压的物体，当它们发生相对运动或具有相对运动趋势时，就会在接触面上产生阻碍相对运动或相对运动趋势的力，这种力叫作"摩擦力"。

今天真是阳光明媚的一天，但我感觉好累啊，我要趴在这里休息一下。

壁虎的脚掌上长满了细毛，吸附力很强，加上与墙的摩擦，它是不会掉下来的。

妈妈，快看，墙上有壁虎，壁虎会掉下来吗？

我睡得太沉了，忘记把身上的财物放到一个隐秘的地方藏起来。

啊！是谁划坏了我的钱包，太可恶了！

气愤——

有事儿您找我。

公安局

不好! 警察要追上来了!

这里路人少,看我不抓到你!

警察叔叔,给你吧,我刚收获的"战利品"!

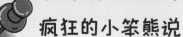

疯狂的小笨熊说

大黄狗警察的摩托车和猴子的滑板车受到的是滚动摩擦力。摩擦力的大小与物体受到的压力大小有关,所以当嫌疑犯猴子丢掉赃物后,滑板受到的压力变小,摩擦力也会变小,猴子的逃跑速度自然就变快了。

猴子把街道弄得一片狼藉。

警察叔叔,来追我啊!

在生活中有时候要增大摩擦力，比如鞋子下面的轮胎纹就增加了鞋子对地面施加的力，从而增加了摩擦力，防止走路时摔倒。

你是输在了摩擦力上。地面上的水使地面的粗糙度减小，从而使摩擦力变小，于是滑板打滑了。

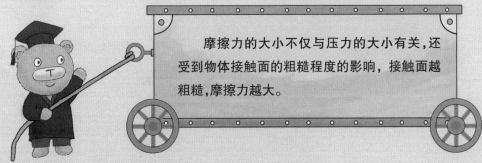

摩擦力的大小不仅与压力的大小有关，还受到物体接触面的粗糙程度的影响，接触面越粗糙，摩擦力越大。

汽车刹车时，为什么人会向前倾？

惯性原理

　　一切物体都有保持原来运动状态不变的性质，这种性质称为"惯性"。

今天要拍一个非常有难度的镜头，我要早点儿赶到剧场准备一番。

喂？你好……是！我马上就到！

巴伯

由于巴伯的车速太快，急刹车并没有使汽车立刻停下来。

哪儿突然冒出来一辆自行车？

这辆汽车开得也太快了！

幸亏刹车踩得及时，不然就酿成大祸了。

由于急刹车,我的汽车在路面上留下了一条长长的轮胎印儿。

难道你没有看到我躺在地上了吗?

这场交通事故我应负全部责任,因为超速驾驶和开车途中接听电话,我接受了警察的批评教育,也受到了相应的处罚。

疯狂的小笨熊说

因为惯性的原因,汽车在紧急刹车后不会马上停止,而是会保持急刹车前的运动速度继续往前跑,最后因为摩擦力而停下来。

等你半天了,赶紧换装,马上开始拍摄!

我要驾驶一辆摩托车从断桥的一端飞到另一端,这对我来说是一个不小的挑战。

咔!精彩!

我像小鸟儿一样飞越了断桥,最后稳稳地停在了断桥的另一端。

谁取得了
拔河比赛的胜利！

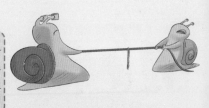

几个力作用在同一个物体上，如果这个物体处于静止状态或匀速直线运动状态，或者这几个力的合力为零，我们就说这几个力"平衡"。

我和基米要进行一场拔河比赛，我们请来了森林里最公正的猫头鹰做裁判。

基米

乌迪

我来帮你，这样我们就可以获胜了。

凯斯

哈哈，红绸在靠近我们这边！

裁判！我根本敌不过它们两个！

我们两个力相互抵消，红绸并没有移动。

你的这种行为严重违反了公平竞争的原则。

如果一个物体在两个力的作用下处于平衡状态，那么这两个力是相互平衡的，简称"二力平衡"。

为了争夺第一，我们都使出了更大的力气。

使劲儿！

为了赢得胜利，我拼了！

把你这一端的绳子分成两段，然后咱们分别向左向右拉，这样裁判员就不会说什么了。

中间的红绸并没有什么变化啊。

这是怎么回事？

卡布

疯狂的小笨熊说

作用在质点上的几个力共同作用时产生的效果如果与某一个力 F 的效果相同，那么这个力 F 就叫作几个力的"合力"，反之就是"分解的力"。也就是说，基米和卡布还是以原来的方向拉绳子，只是分开了一定的角度，产生的力和之前基米独自拉绳子时的力是一样的。

我们赢了！

基米这边受到的地面摩擦阻力大，并且基米又用尽了全力，因此它们取得了胜利。

之前我和它们是不分上下的，为什么后来我却输了？

为什么地球不会掉下来？

物体之间有相互吸引力，这个力的大小与各个物体的质量成正比，而与它们之间的距离的平方成反比。

在我们的认知里，所有的东西都会向下落，树上熟透的苹果会落下来，向空中扔的足球也会掉下来……但为什么地球不会从空中掉下来呢？

哇！快跑啊！

呜呜，不要砸到我！

地球不是由海鲸背着的，也不是由大象顶起来的，难道是由一双手托起来的吗？

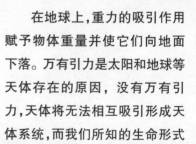

疯狂的小笨熊说

在地球上，重力的吸引作用赋予物体重量并使它们向地面下落。万有引力是太阳和地球等天体存在的原因，没有万有引力，天体将无法相互吸引形成天体系统，而我们所知的生命形式也将不会出现。

地球上的人们能稳稳地站在地面上，就是我的功劳！

如果没有引力，那会怎样？

我们就会飞到九霄云外啦！

宇宙中的一切都在我的掌控之中。

影响引力大小的因素有两个：距离和质量。

距离是两个物体之间的跨度。

你过来！

两个物体之间的距离越大，它们之间的引力就越弱。

我就不过去！

质量是指一个物体所含有的物质的量。

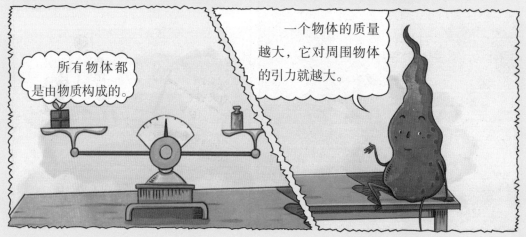

所有物体都是由物质构成的。

一个物体的质量越大，它对周围物体的引力就越大。

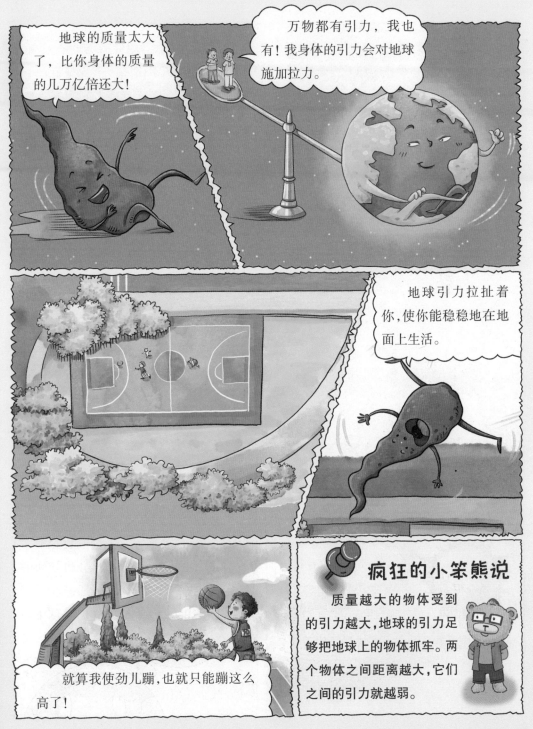

地球的质量太大了，比你身体的质量的几万亿倍还大！

万物都有引力，我也有！我身体的引力会对地球施加拉力。

地球引力拉扯着你，使你能稳稳地在地面上生活。

就算我使劲儿蹦，也就只能蹦这么高了！

疯狂的小笨熊说

质量越大的物体受到的引力越大，地球的引力足够把地球上的物体抓牢。两个物体之间距离越大，它们之间的引力就越弱。

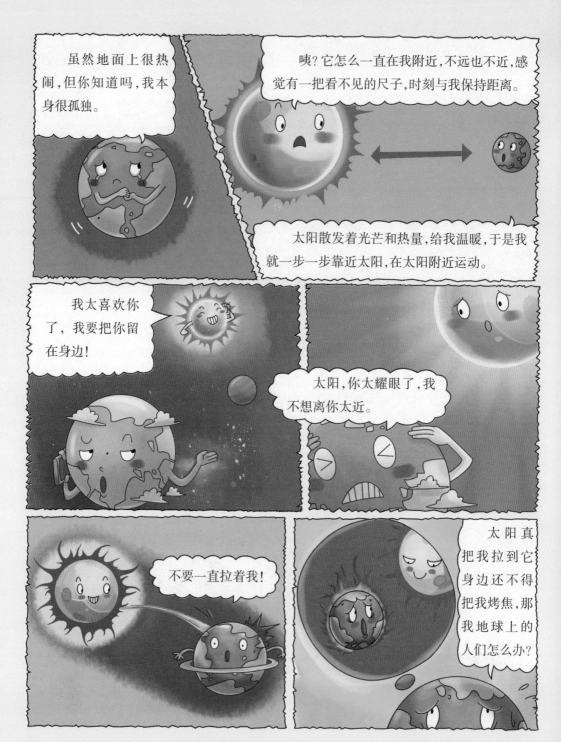

由于地球在不停地自转，地球上的一切物体都随着地球的自转而绕地轴做匀速圆周运动。

百米赛跑，
你用时几秒？

在物理学中，用速度来表示物体运动的快慢。

不，他明明一直都是匀速的！

2号加速了！

有一个标准，可以检验谁对谁错，那就是速度。

每天匀速慢跑有益身心健康。

别说话！我的速度最快了！

今天比赛的成员有匀速直线运动、变速直线运动和平均速度。大家来猜一猜这次比赛谁能拿第一名吧！

疯狂的小笨熊说

匀速直线运动是速度和方向都保持不变的直线运动，其特点是物体在任何相同时间内通过的路程都相等；而变速直线运动是速度变化的直线运动，其特点是速度的大小经常发生变化。

地球上任何物体只要有运动，就有速度产生。

我们是一对双胞胎，你能找出我们之间的不同吗？

好累啊！

你太善变了，我不要和你在一起。

我们平均一下不就可以了吗？

　　做变速运动的物体，其位移与时间的比值不是恒定不变的，这时我们可以用一个速度粗略地描述物体在这段时间内运动的快慢情况，这个速度就叫作"平均速度"。

聪明的小笨熊说

　　速度是用来表示物体运动快慢的物理量，通俗地讲就是物体在单位时间通过的路程。

平均速度和瞬时速度

速度是用来表示物体运动快慢时采用的一种物理量,最常用的速度单位是米/秒和千米/时。"小汽车的时速为100千米"指的是这辆小汽车奔跑100千米需要花费1小时。

最高行驶速度达到或超过200千米/时的铁路列车被称为"高速列车"。

骑自行车爬坡时,为什么走"S"形更省力?

骑自行车遇到爬坡路段时,会非常吃力。这时,可以采用走"S"形路线的骑行方式,让骑行变得轻松一些。那么,这其中蕴含着什么原理呢?

从做功的角度来看,坡作为物理学中的斜面模型,如同杠杆、滑轮一样,可以起到省力的作用。以杠杆为例,动力臂的长度是阻力臂的几倍,就能达到几倍的省力效果,而对于光滑斜面来说,斜面长度是高度的几倍,就能达到几倍的省力效果。

"S"形爬坡就是利用了斜面的特性,达到了省力的目的。

铁球实验

　　如果两个物体受到的空气阻力相同,或将空气阻力略去不计,那么,两个重量不同的物体将以同样的速度下落,同时到达地面。

　　为了证明这一观点,1589 年的一天,伽利略来到比萨斜塔,登上塔顶,将一个 10 磅重和一个 1 磅重的铁球同时抛下。在众目睽睽之下,两个铁球同时落到了地上。

　　这个被科学界誉为"比萨斜塔实验"的美谈佳话,用事实证明,轻重不同的物体,从同一高度坠落,加速度一样,它们将同时着地,从而推翻了亚里士多德的错误论断。这就是被伽利略所证明的,如今已为人们所认识的"自由落体"定律。"比萨斜塔实验"作为自然科学实例,为"实践是检验真理的唯一标准"提供了一个生动的例证。

▲ 伽利略在比萨斜塔完成"自由落体"实验。

图书在版编目(CIP)数据

小笨熊这就是数理化. 这就是数理化. 8 / 崔钟雷主
编. -- 哈尔滨：黑龙江美术出版社，2021.4
（疯狂的十万个为什么系列）
ISBN 978-7-5593-7259-8

Ⅰ. ①小… Ⅱ. ①崔… Ⅲ. ①数学 – 儿童读物②物理
学 – 儿童读物③化学 – 儿童读物 Ⅳ. ①O-49

中国版本图书馆 CIP 数据核字(2021)第 058152 号

书　　名 / 疯狂的十万个为什么系列
FENGKUANG DE SHI WAN GE WEISHENME XILIE
小笨熊这就是数理化　这就是数理化 8
XIAOBENXIONG ZHE JIUSHI SHU-LI-HUA
ZHE JIUSHI SHU-LI-HUA 8

出 品 人 / 于　丹
主　　编 / 崔钟雷
策　　划 / 钟　雷
副 主 编 / 姜丽婷　贺　蕾
责任编辑 / 郭志芹
责任校对 / 徐　研
插　　画 / 李　杰
装帧设计 / 稻草人工作室
出版发行 / 黑龙江美术出版社
地　　址 / 哈尔滨市道里区安定街 225 号
邮政编码 / 150016
发行电话 / (0451)55174988
经　　销 / 全国新华书店
印　　刷 / 临沂同方印刷有限公司
开　　本 / 787mm×1092mm　1/32
印　　张 / 9
字　　数 / 300 千字
版　　次 / 2021 年 4 月第 1 版
印　　次 / 2021 年 4 月第 1 次印刷
书　　号 / ISBN 978-7-5593-7259-8
定　　价 / 240.00 元（全十二册）

本书如发现印装质量问题，请直接与印刷厂联系调换。